欢迎来到
怪兽学园

＿＿＿＿＿ 同学，开启你的**探索**之旅吧！

本册物理学家

玻尔兹曼

献给所有充满好奇心的小朋友和大朋友。

——傅渥成

献给我的女儿豆豆和暄暄，以及一起努力的孩子们！

——郭汝荣

图书在版编目（CIP）数据

怪兽学园.物理第一课.4，难忘的温泉之旅 / 傅渥成著；郭汝荣绘. —北京：北京科学技术出版社，2023.10
ISBN 978-7-5714-2964-5

Ⅰ.①怪… Ⅱ.①傅… ②郭… Ⅲ.①物理—少儿读物 Ⅳ.① Z228.1

中国国家版本馆 CIP 数据核字（2023）第 044303 号

策划编辑：吕梁玉		**电　话**：0086-10-66135495（总编室）	
责任编辑：张　芳		0086-10-66113227（发行部）	
封面设计：天露霖文化		**网　址**：www.bkydw.cn	
图文制作：杨严严		**印　刷**：北京利丰雅高长城印刷有限公司	
责任印制：李　茗		**开　本**：720 mm×980 mm　1/16	
出 版 人：曾庆宇		**字　数**：25 千字	
出版发行：北京科学技术出版社		**印　张**：2	
社　　址：北京西直门南大街 16 号		**版　次**：2023 年 10 月第 1 版	
邮政编码：100035		**印　次**：2023 年 10 月第 1 次印刷	

ISBN 978-7-5714-2964-5

定　价：200.00 元（全 10 册）

怪兽学园 物理第一课

4 难忘的温泉之旅

热 学

傅渥成◎著　　郭汝荣◎绘

北京科学技术出版社
100层童书馆

冬天来了。期末考试结束的那天，天上飘起了雪花。阿成跟飞飞正在院子里堆雪人，准备迎接即将到来的快乐寒假。

"真冷啊！"两只小怪兽身后传来低沉的声音。说话的原来是玻尔兹曼，他正搓着冻得有些发红的手。于是，阿成和飞飞邀请他一起去泡温泉。

他们一同来到了远近闻名的华丽丽温泉庄园，准备开启一场难忘的温泉之旅。

　　这里是一处露天温泉，雪花从天上飘落，温泉池雾气缭绕，非常梦幻。

　　阿成迫不及待地脱了浴衣，大喊一声"好冷！"，然后进入了温泉池。

　　飞飞和玻尔兹曼也兴奋地进入温泉池。"好暖和！"飞飞感叹道。

池中的水热乎乎的，三人的脸上都泛起了红晕，露出了满足的表情，阿成甚至悠闲地哼起了歌。

　　从温泉池出来后，大家来到了室内的休息区。三个人的身体都暖和起来了，他们一边休息，一边欣赏窗外的美丽雪景，十分惬意。飞飞凑到窗前，摸了摸凉凉的玻璃，脑海中产生了一个疑问。

玻璃好凉，室内好暖。天气好冷，温泉好暖。我们感受到的冷和暖到底是什么？

温度是表示物体冷热程度的物理量。现在外面下着雪，空气的温度在0℃以下，而温泉的温度大约在40℃。温泉的温度比外面空气的温度高，所以我们会觉得外面很冷，温泉里很暖和。

0℃以下

而热量会从温度高的物体传递到温度低的物体。所以，当我们泡在温泉中时，热量就会从温泉中传递到我们身上。

好神奇！

好神奇！

好神奇！

热量

温度高的物体会把能量传递到温度低的物体上，所传递的能量叫作热量。

　　话音刚落，温泉庄园的服务员就推着精致的餐车来到了他们身边。车上不仅有种类丰富的饮品，还有许多可口的水果和糕点。阿成和飞兴奋坏了，他们的肚子正饿得咕咕叫呢！玻尔兹曼则淡定很多。

请给我一杯冷水和一杯热水。

好的！

尽管阿成的肚皮已经吃得圆滚滚的了，但他依旧没有停下的意思。不过，玻尔兹曼的行为却引起了阿成的注意。只见玻尔兹曼从怀里掏出一瓶墨水。

小实验

步骤 1: 准备两个玻璃杯,分别倒入冷水和热水。

步骤 2: 然后往两个杯子里各滴一滴墨水。

三人凑在两个杯子前仔细观察起来。

看！热水杯里的墨水比冷水杯里的扩散得快！

飞飞率先发声，她兴奋地扇动着翅膀，飞得老高。

没错！这说明热水中水分子的运动速度快。这是我的大发现！

水分子一直在做无规则运动。温度越高，水分子运动的速度就越快；温度越低，水分子运动的速度就越慢。

吃饱喝足的阿成和飞飞坐在沙发上静静地听玻尔兹曼讲述。

100℃

如果让水的温度不断升高，水分子运动的速度就会随之加快。
当水的温度达到 100℃ 的时候，水分子会剧烈运动，然后水就沸腾了！

沸腾

阿成和飞飞都哈哈大笑起来，咕嘟咕嘟地喝掉了杯子里的橙汁。

玻尔兹曼点了点头，指向一旁雾蒙蒙的玻璃窗。

物质从气态变为液态的过程叫作液化。它与汽化是相反的过程。

分子

水珠

液化

水

汽化

水蒸气

阿成和飞飞凑近玻璃仔细观察，发现上面确实有无数的小水珠。飞飞灵机一动，在玻璃上画了一个杯子。阿成也学着飞飞的样子开始在玻璃上写写画画。

现在我有了一个"装着水的杯子"！

看我的！

快看！

吃饱喝足的三只怪兽准备告别华丽丽温泉庄园。他们走出门，看到了一个银装素裹的世界。

凝固和熔化是一对相反的过程。凝固的时候，水会向外界释放热量；而熔化的时候，冰要从外界吸收热量。

小知识

①固体分子排列得整齐有序；

②液体分子间距比固体分子间距大，排列得不那么整齐；

③气体分子间距很大，无序排列。

比起温泉之旅，今天的游玩更像是一场玻尔兹曼的演讲之旅。夕阳的余晖洒在回家的路上，玻尔兹曼依然兴奋地说着……

怪兽镇
↘20千米

水的三态变化

气态

升华（吸热）　凝华（放热）　液化（放热）　汽化（吸热）

固态　凝固（放热）　液态

熔化（吸热）

玻尔兹曼（1844—1906）

　　玻尔兹曼是奥地利著名物理学家、哲学家，是热力学和统计物理学的奠基人之一。

　　他发展了气体动理论，奠定了统计物理学的基础。然而，当时有些物理学家并不接受他的部分理论，这导致他花费了大量精力来捍卫他的理论。因此，他晚年精神状况欠佳，情绪经常起伏不定。